序章

波咕！今天也吃便利店快餐？

嗯！对的！最近非常忙……

波咕：绵绵的好朋友，藏在铃铛蛋糕中，目前还没有人见过真正的它。

嘿咻

嘿咻

绵绵：用棉花糖制作出的小海豹，具有糕点师的的经验，现在似乎正住在某个家庭的厨房里。

这样啊，真是辛苦啊……

为了健康和省钱，我决定要自己做饭吃。

哦？那就是不讨厌自己做饭喽？

沙沙

沙沙

便利店的快餐完全无法吃到蔬菜啊。

嗯！不讨厌！反而很喜欢！

只不过，必须将食材切成各种形状，还要花时间调味，忙起来的时候就会觉得很麻烦了！

而且没有烤箱和蒸锅蒸笼，有很多料理做不了。

再加上好不容易做出来的肉吃起来却干巴巴的，那是最让我沮丧的……

切食材……

然后等1小时……

嗞

我只有平底锅……

啊呜

啊呜

汉堡牛肉饼有时也没有肉汁……

原来如此，如果有想做立刻就能做的料理，你觉得怎么样？

嗯……我做！！

其实，只要做一点点准备工作，也可以很快做出很美味的食物！

扑通　扑通

而且，不需要烤箱，也不需要蒸锅蒸笼，只用绝大部分家庭都有的平底锅、电饭煲、微波炉就行！

只要使用正确方法，用平底锅也能做出蒸菜哦！

顺便还会告诉你烹饪失败的原因和解决方法，以及怎么做出松软的鸡蛋、多汁的肉、柔嫩的鱼贝类煮菜，以及肉汁浓郁的汉堡牛肉饼等等。

颤抖　颤抖

吸溜

唔哦哦哦哦哦！我好激动！快点教我！

好的！好的！

颤抖

颤抖

颤抖

咦？咦？等等！你怎么随便吃我的东西！喂！

哇……

好啦好啦！马上就要开始做好吃的饭菜了，你也不会要这份快餐了！

哇ooooo

这是两回事！！

来吧！来吧！立刻进入食谱的世界！我们走吧！

03

CONTENTS

第3章 超级简单的鱼贝类食谱

第4章 每天都想吃的健康蔬菜食谱

第5章 还是最喜欢米饭食谱

第6章 用平底锅做的面包食谱

05

烹饪之前

这本书里，我们将尝试以平底锅、微波炉和电饭煲来代替烤箱和蒸笼做美味食物！

油可以换成自己喜欢的品种！

可以做小笼包、肉包、香肠等等！

吱

吱

1小匙是5毫升、1大匙是15毫升。这是容量，而不是重量（克）。要注意不同的材料重量会不同！

同样是1小匙，水是5克，油是4克，酱油是6克，蜂蜜是7克！看，相差这么大……

我们用的是500瓦的微波炉！但是不同的微波炉，功率和加热方法不同，要分别调整加热时间！

咔嚓

食谱里记载的只是大概的分量和烹饪时间，请根据实际情况进行调整。

还有更多可搭配的蔬菜！多多尝试自己喜欢的蔬菜，找出最中意的组合吧！

电饭煲的火力较弱的话，有时会火候不够……

啊呜 啊呜

颤抖

颤抖

颤抖

第1章

冷冻和冷藏

食材的
调味食谱

食材经过冷冻和冷藏不仅能保鲜，
肉类、鱼类、蔬菜还会更美味！

BOKUNO
GOHAN

简单轻松!
食材冷冻和冷藏的处理方法

辣番茄酱烩鸡肉

材料
（2人份）

- 鸡胸肉：1块
- 洋葱：1/2个

材料A
- 番茄酱：3大匙
- 大蒜（磨泥）、料酒、酱油、橄榄油：各1小匙
- 砂糖：1/2小匙
- 盐、胡椒：各少许

- 油：少许
- 料酒：2大匙
- 塔巴斯哥辣酱、干罗勒：根据喜好调整

1

鸡肉切成一口大小，洋葱切成1～2厘米宽。鸡肉、洋葱、材料A放入密封保鲜袋中揉搓，放进冷冻层冷冻半天到1天。烹饪时提前半天取出放进保鲜层，自然解冻。

揉

哇，我也想来揉！

可以保存2周到1个月！

揉

2

真好吃！！！

平底锅温热后涂上薄薄一层油，放入步骤1的食材，用中火炒直至变成金黄色。加入料酒转为小火，盖上锅盖，蒸烤2分钟。揭开锅盖，根据个人喜好的口味加入塔巴斯哥辣酱收汁，然后撒上罗勒就完成了！

肉里浸透了味道，也非常柔嫩！番茄酱和塔巴斯哥辣酱也是好搭档。

撒上芝士也很美味！

啊呜

啊呜

清香柠檬腌渍鸡翅根

材料
（2~3人份）

- 鸡翅根：8个

材料 A
- 柠檬汁：1大匙
- 橄榄油：2小匙
- 大蒜（磨泥）：1小匙
- 盐：1/2小匙
- 现磨黑胡椒：少许
- 干罗勒：适量

- 油：少许
- 料酒：2大匙

1

咕吱

咕吱

咕吱

在鸡翅根较厚的地方划一道切口，轻轻掀开肉，装入密封保鲜袋，加入材料A揉搓。放进冷冻层冷冻半天到1天，烹饪时提前半天取出放进保鲜层自然解冻。

2

平底锅温热后涂上薄薄的一层油，放入步骤1的食材，用中火炒至变成金黄色。加入料酒转为小火，盖上锅盖，蒸烤3分钟后揭开锅盖，如果还有水分就继续收汁！然后就完成啦！

把柠檬汁和橄榄油一起抹在鸡翅根上，然后放入冰箱冷冻就能很好地腌制啦！

清爽又软嫩！

咕噜

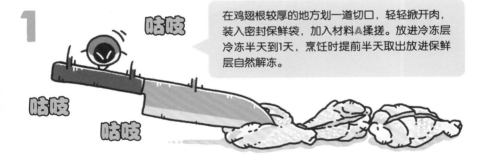

冷冻后的
梅干柔嫩鸡翅根

材料
（2人份）

- 鸡胸肉：8个
- 洋葱：1/2个

材料A
- 番茄酱：3大匙
- 大蒜（磨泥）、料酒、酱油、橄榄油：各1小匙
- 砂糖：1/2小匙
- 盐、胡椒：各少许

- 油：适量
- 料酒：2大匙

1

在鸡翅根较厚的地方划一道切口，轻轻掀开肉。

鸡翅根会滑，要小心不要切到手。

容易入味，解冻也快，还容易熟。

哟

梅干去核拍一下，绿紫苏叶切丝。

不要用蜂蜜味的梅干，要用酸一点、咸一点的！

唔——

2

把鸡翅根、梅干、绿紫苏叶和材料A装入密封保鲜袋后揉搓，放进冰箱冷冻半天到1天，烹饪时提前半天取出放进冰箱保鲜层自然解冻。

美味的关键就在于急速冷冻和慢慢解冻！要想快点冻起来，把肉放在铝箔托盘里比较好。

解冻时，温度急剧变化会破坏肉里的细胞，有损风味。最好的方法就是泡在冰水里，不过这样有点麻烦。

可以放到冷藏层慢慢解冻！虽然花的时间长一些，但是放进去就可以不用管了，很轻松。尽量避免常温或微波炉解冻。

3

平底锅温热后涂上油，放入步骤2的食材，用中火炒至变成金黄色。加入料酒转为小火，盖上锅盖蒸烤3分钟后揭开锅盖，如果还有水分就继续收汁即可。

炒的时候加入生姜丝也很好吃。

∘⋆ 小知识 ⋆∘

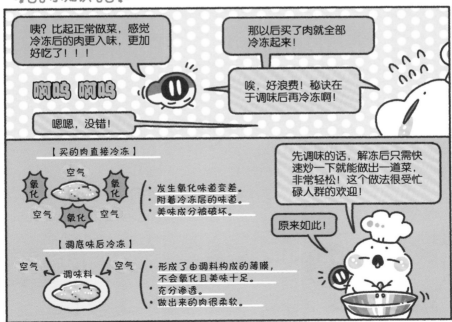

咦？比起正常做菜，感觉冷冻后的肉更入味，更加好吃了！！！

啊呜 啊呜

嗯嗯，没错！

那以后买了肉就全部冷冻起来！

唉，好浪费！秘诀在于调味后再冷冻啊！

【买的肉直接冷冻】

氧化　空气　氧化
空气　氧化　空气

· 发生氧化味道变差。
· 附着冷冻层的味道。
· 美味成分被破坏。

【调底味后冷冻】

空气　调味料　空气

· 形成了由调料构成的薄膜，不会氧化且美味十足。
· 充分渗透。
· 做出来的肉很柔软。

先调味的话，解冻后只需快速炒一下就能做出一道菜，非常轻松！这个做法很受忙碌人群的欢迎！

原来如此！

肉质松软的
蒜香鸡块

材料
（2人份）

- 鸡胸肉：1块

材料A
- 酸奶：60克
- 蛋黄酱：30克
- 蜂蜜：1大匙
- 咖喱粉：1又1/2小匙
- 大蒜（磨泥）：1小匙
- 盐：1/4小匙
- 现磨黑胡椒：少许
- 油：少许
- 料酒：2大匙
- 柠檬汁：根据喜好调整

1

糍糍

首先将鸡肉切成一口大小的片状。

切片时，倾斜刀身，将肉切成薄片。

切好的鸡肉放进密封保鲜袋，倒入材料A，揉搓所有的肉片后放进冰箱冷藏半天到1天。

嘣嗒

揉

揉肉时间到！

揉

好好休息吧……
要变好吃！
要变好吃！

2 取出鸡肉，用厨房纸巾轻轻擦去酱汁。平底锅温热后涂上油，开始煎肉。

如果不适度擦去酱汁的话，煎的时候就会焦掉！

先用大火按照先鸡皮面再另一面的顺序来煎，煎至两面金黄后倒入料酒，盖上锅盖蒸烤2分钟后揭开锅盖收汁就完成了！

盛到盘里，根据个人喜好口味浇上柠檬汁即可。

用鸡腿肉做的话，肉汁丰富也很好吃。

嗯嗯嗯！好软、好软！

·꧁ 小知识 ꧂·

波咕，你知道吗？其实凭借切肉方法，鸡胸肉做出来的菜品口感反而更柔嫩多汁。

哎？真的吗！我从来不知道……

看，观察下鸡胸肉，发现不同的部位，纤维的方向也不一样了吗？

根据纤维方向，可以把鸡胸肉切成这样的三块。

啊！真的！

哦！

嗯嗯……但是，这和变软有什么关系吗？

肉一加热就会收缩，肉汁就流到外面了，所以才会变干、变硬啊！

为了尽可能防止这一点，可以像示意图那样，垂直于纤维来入刀，这样就能切断肉的长纤维，就算加热后肉质也能变软！

原来如此！！

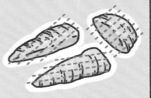

对猪扒之类的肉类切筋处理也是切断肉的长纤维，防止变硬。

用冷藏后变软的肉
做出酸奶味噌鸡

材料
（2人份）

- 鸡胸肉：1块
- 材料A
  - 酸奶：100克
  - 味噌：50克
- 油：少许
- 杏鲍菇：1袋
- 料酒：1大匙
- 小葱：适量

1

用叉子在鸡肉的两面戳几个孔。将材料A和鸡肉装入保鲜袋中，放进冰箱冷藏半天到1天。

哇！哇！

酸奶就是美味的秘诀！

将鸡肉从袋里取出，用厨房纸巾小心擦去酱汁。平底锅温热后涂上油，将鸡肉从鸡皮面开始煎。

抹在肉上的酸奶和味噌还要用呢，不能扔！

咕噜

唰

2 鸡皮面变色后就翻面，放入斜切的杏鲍菇和料酒。盖上锅盖，用小火煎烤3~4分钟。

放料酒后蒸烤，可以做出松软的肉！

呱当

3 揭开锅盖，水分蒸发后加入1大匙袋子里剩余的酱汁，收汁后浇在鸡肉上就完成了。鸡肉切成易入口的大小，撒上切成长4厘米左右的小葱段就可以吃了！

加入酸奶后绝对不能用大火，要在小火状态下浇汁！

咕噜

咕噜

11

•ᘛ 小知识 ᘚ•

绵绵，刚才你说"酸奶是美味的秘诀"，这是什么意思？

你在干吗啊，难道你也想变好吃？

吱啦

吱啦

吱啦

想泡进去呢……

啪嗒

能变好吃的话，好感度也许也会上升。

酸奶涂在肉上后，酸奶的乳酸菌能分泌出一种蛋白酶酵素，

蛋白酶可以分解肉的蛋白质，让肉质变得松软多汁！

被分解的成分就变成了美味氨基酸，所以味道就变好啦！

说个题外话，牛奶和酸奶都可以消除肉类、鱼类的腥味！

酸奶很厉害！

哎呀？！

软绵绵

只用冰箱和电饭煲的
油封鸡腿肉

材料
（2人份）

- 鸡腿肉：1块

材料
A

- 大蒜（磨泥）：1小匙
- 盐：1/3小匙
- 月桂叶：2片
- 迷迭香：适量
- 橄榄油：适量

1

鸡肉切成两半，多余的脂肪也切去。

用菜刀切去鸡腿肉周围的脂肪及黄色的脂肪，会变得更加美味！因为鸡腿肉的多余脂肪正是导致腥味的原因。

哎！

将鸡肉和材料A装入耐热的密封保鲜袋中，轻轻揉搓后放进冰箱冷藏半天到1天。

密封保鲜袋或塑料袋要使用耐热温度在100摄氏度以上的，耐热温度低的话会破……

哇哦哦哦哦……

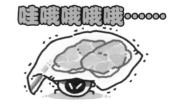

2

在步骤1的食材里加入橄榄油至鸡肉浸泡在其中，挤出空气，封上袋口。再放入另一个密封保鲜袋中包两层，放入电饭煲中，注入沸水将肉浸没，用保温功能加热3～4小时。

蛋白质在58摄氏度至60摄氏度时会凝固，68摄氏度以上肉汁就会很快溜走了！

因此利用电饭煲的保温功能，用低温慢慢加热……这样就能做出特别松软多汁的肉。

吱……………

吱……………

直接吃也可以，不过从鸡皮面开始将表面煎一下，会更加好吃！

°ٝ⌒ 多多尝试更好吃！ ⌒ٝ°

油封鸡脯

鸡脯（400克）事先处理干净，然后用做油封鸡腿肉的做法来做，也可以用适量的罗勒代替迷迭香。

"波咕流" 鸡脯的处理方法

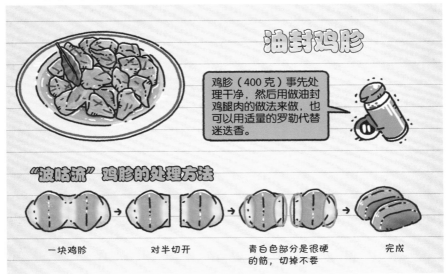

一块鸡脯 → 对半切开 → 青白色部分是很硬的筋，切掉不要 → 完成

冷冻鱼贝类和冷冻蔬菜的食谱

日本某篇论文中提到，将冷冻蔬菜和新鲜蔬菜的营养价值做比较时，发现一大半蔬菜在冷冻后，维生素C和抗氧化物的含量更高！

高很多呢！

真意外！

而且有的蔬菜味道也更好了。

哧——

真厉害！不过还不知道冷冻什么蔬菜好……

其实也不知道冷冻蔬菜的烹饪方法。

那么，我就列出6种推荐食材，教大家使用它们做出营养满满、美味满满的食物吧！

嗖

哇！那我也能做了！

哳

推荐的冷冻食材
番茄

捣碎做成番茄泥、番茄汤、番茄酱！

咯吱

我不是番茄！

保存时间：约1个月。

冷冻后的营养：营养价值没有变化，不过冷藏保存几天后，水分会流失，失去美味和鲜度，因此推荐冷冻。

冷冻方法：洗干净后去蒂，擦干水分，放入可以隔绝空气的密封保鲜袋里，整个番茄极速冷冻。冷冻状态的番茄泡在水里很容易剥皮，烹饪起来也很轻松！

要点：番茄的红色正是番茄红素（色素），具有比β-胡萝卜素和维生素E高很多倍的降低活性氧的效果，并且还有帮助提高免疫力、燃烧脂肪的作用。

小油菜

自然解冻后，用力挤去水分，拌小油菜就完成了！

哦……

保存时间：约1个月。

冷冻后的营养：维生素C增加。

冷冻方法：用水洗后切成喜欢的大小。放入可以隔绝空气的密封保鲜袋里急速冷冻。

要点：冷冻后会破坏细胞，所以只需要解冻就能跟煮后的状态一样了！而且，通常煮后流失的营养成分也能被完全摄入。

大蒜

保存时间：约 1 个月。

冷冻后的营养：β - 胡萝卜素为 2 倍，叶黄素为 3 倍，维生素 c 和多酚也有增加。

冷冻方法：切成喜欢的大小，在开水里煮 20 秒左右，冷却后控干水分，放入可以隔绝空气的密封保鲜袋里急速冷冻。

要点：大蒜经不起湿气，是种比较脆弱的蔬菜，在冷藏层保存的时候用报纸等包起来比较好。另外，大蒜与苹果、牛油果等会释放出乙烯气体的食材放在一起的话，容易产生苦味，因此还是适合冷冻保存！

> 叶黄素有强烈的抗氧化作用！可以保护眼睛晶体不受紫外线伤害，被称为天然的太阳镜。

西蓝花

保存时间：约 1 个月。

冷冻后的营养：β - 胡萝卜素约为 4 倍，叶黄素和维生素 c 也有增加。

冷冻方法：切成喜欢的大小，在开水里煮 1 分钟左右使之变硬，冷却后控干水分，放入可以隔绝空气的密封保鲜袋里急速冷冻。

要点：生西蓝花很容易变黄，是非常适合冷冻的食材！只需一点点就能很轻松为餐桌增添色彩！

> 西蓝花的茎也很有营养，不要扔掉！

香菇

保存时间：约 1 个月。

冷冻后的营养：天冬氨酸、谷氨酸、鸟苷酸等氨基酸增加 3 倍！这几种都是美味的成分，所以味道会变得更好。天冬氨酸还有消除疲劳的作用。

冷冻方法：用厨房纸巾擦去蘑菇表面的脏污，不用水洗，去掉菌柄头。切成喜欢的大小后放入可以隔绝空气的密封保鲜袋里急速冷冻。

要点：滑菇也能冷冻。金针菇、灰树花的味道和香味在冷冻后虽然也会更好，但是会变软，口感反而不好了；杏鲍菇和蟹味菇会变得特别软，并且如果切碎食用的话不会影响口感，可以冷冻。

> 冷冻会破坏菌类的细胞壁，容易渗出营养元素和味道，营养和美味都会升级。

蚬

保存时间：约 1 个月。

冷冻后的营养：肝脏中活跃的氨基酸——鸟氨酸为 4 ~ 8 倍，并且冷冻后细胞被破坏，美味的成分也容易释放出来。

冷冻方法：将蚬洗净吐沙，按照使用分量放入可以隔绝空气的密封保鲜袋里冷冻。不用放在铝箔托盘上，缓慢冷冻的方式可以增加蚬的营养价值。

要点：鸟氨酸能够以溶于血液的状态在人体内循环，有强化肝脏功能、预防宿醉、消除疲劳等作用！

> 可以在冷冻的状态轻轻倒入汤菜中使用！

好的！

> 从下一页开始，用这 6 种食材来烹饪吧！

快速！冷冻番茄汤

（1～2人份）

① 小锅里涂上适量油，将2片切成长条形的培根和1片切成薄片的大蒜倒入翻炒。

哎呀！好香啊……

向步骤①里加入适量事先切碎冷冻的洋葱一起炒，会更好吃。

冷冻后的洋葱会一下子就变成焦黄色！

② 炒出香味后，加入1个切成大块的冷冻番茄（150～200克）继续翻炒一下。

番茄用刀切开后，可以在室温下放至解冻。

③ 将材料A加入步骤②中煮，用盐调味。

材料A
- 冷冻香菇：2个（切薄片）
- 水：100 毫升
- 浓缩高汤：1/2 块
- 现磨黑胡椒：少许

也可以加入比萨用芝士煮开。

④ 撒上欧芹末即可。

蚬肉煎饼

（1～2人份）

① 小锅里加入80毫升水、200克冷冻蚬，煮至蚬张壳，将汤和蚬分开。将蚬肉从壳中取出。

煮蚬的汤汁美味，里面有很多营养，所以不要丢！

② 将步骤①的汤汁冷却后放入碗里，加上材料A充分搅拌。

材料A
- 淀粉：30 克
- 小麦粉：40 克
- 冷冻小油菜：1/3 把（切大块）
- 冷冻胡萝卜：1/4 根（切丝）
- 盐：1/4 小匙
- 步骤①的蚬肉

面饼翻过一次面之后，再浇一圈芝麻油，这样就能煎得脆脆的啦！

③ 平底锅温热后涂上芝麻油，将步骤②的食材倒入，两面煎得脆脆的。

④ 将煎饼切成易入口大小，装盘后浇上材料B混合后的酱汁就可以吃了。

啊呜
啊呜

材料B
- 酱油：1/2 大匙
- 醋：1 大匙
- 砂糖：1 小匙
- 韩式辣酱：1 小匙
- 辣油：适量

日式香菇小油菜拌豆腐

（1～2人份）

① 绢豆腐 150 克，用厨房纸巾包好，放入微波炉加热 1 分 30 秒，控干水分。

胡萝卜 1/4 根（切丝），香菇 2 个（切薄片），装在盘子里用微波炉加热 1 分钟。冷冻小油菜（切大块）常温解冻后，用手挤去水分。

② 将步骤①的食材以及材料 A 放入碗中充分搅拌。

材料 A
- 味噌：1/2 大匙
- 鲣鱼：高汤精 1/6 小匙
- 砂糖：1/2 小匙

③ 放入冰箱冷藏层冷却后就完成了。

> 用微波炉可以这么快脱水啊！

咕噜 咕噜

蚬肉胡萝卜煮菜

（2～3人份）

① 小锅里放入 500 毫升水和 500 克冷冻蚬，煮至蚬张壳，取出，将蚬肉从壳中取出。

② 向步骤①的锅里加入材料 A，煮到入味就完成了。

> 煮菜，就是指用调味汤汁煮、熬或炖的菜肴。

材料 A
- 步骤①的蚬肉
- 冷冻胡萝卜：半根（切丝）
- 冷冻香菇：2 个（切薄片）
- 日式油豆腐：1 块（切丝）
- 生姜：50 克（切丝）
- 冷面汁：2 大匙
- 味淋：2 大匙
- 砂糖：1 小匙

> 和米饭非常配，是很受欢迎的常备菜！

西蓝花含羞草沙拉

（1～2人份）

① 冷冻西蓝花 1/2 把，放进微波炉或在热水中快速煮一下来解冻。

② 锅里放入盖过鸡蛋的水，用中火煮鸡蛋 10 分钟，取出鸡蛋边冲冷水边剥壳。

③ 分开蛋黄和蛋白，蛋黄用叉子细细碾碎，蛋白用菜刀切粗丝。

④ 盘子里依次放入西蓝花、蛋白、蛋黄，浇上自己喜欢的沙拉酱或蛋黄酱就可以吃了。

> 根据个人喜好的口味，也可以加上煎得脆脆的培根！

> 那就用凯撒沙拉酱吧！

专题1

冷藏后的美味栗子饭

今年终于到了吃栗子的季节啦!

哇!快点准备栗子饭吧!

啪

哎呀

波咕! 等一下!

唰

按目前的状态，栗子的糖度只有3%，还不太甜。

但是有个方法可以让它甜3倍以上!

糖度比例：
草莓：8%～9%
西瓜：9%～12%
苹果：12%～13%

哇哦……

这个方法其实就是把栗子放进冰箱冷藏层的冷鲜室10～30天就行!

3天是2倍，20天是3倍，30天达到最甜!

哇哦……

真、真的吗？为什么那样做就能变甜？

唰 唰

冷鲜室的温度保持在0摄氏度左右，把栗子放进这里，它会觉得"要是冻死了还得了"，然后就将淀粉转变为糖，所以就会变甜啦!

顺便说下，栗子20天左右开始会生霉，所以个人推荐存放10～20天。

长毛 长毛

松软甘甜的栗子饭食谱

① 栗子在温水里泡1小时，剥壳备用。

② 300克大米洗净，加上料酒、味淋、酱油各1大匙。

③ 加300克大米煮饭所需的水，倒入栗子，按下煮饭按钮即可。

根据个人喜好的口味撒上芝麻盐就可以吃了。

变甜的生栗子也可以拿去冷冻，不过解冻的话会失去甜度，所以做菜的时候直接用冷冻的栗子就好。

那个……好像忘记什么事了……

哇哦哦哦……

啊呜 啊呜 好吃

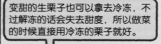

第**2**章

简单
又便宜的
肉类食谱

鸡胸肉、翅根、猪肉边角料等等，
如果掌握一点诀窍的话，
这些低价的肉也能迅速做成多汁
美味的绝佳料理！

BOKUNO
GOHAN

松松软软、清爽松脆的
鸡肉冻两煮

材料
（2人份）

- 萝卜：350克
- 藕：150克
- 鸡胸肉：1块
- 盐、胡椒：各少许
- 淀粉：3大匙
- 油：适量
- 料酒：2大匙

材料A
- 酱油、味淋：各2大匙
- 砂糖：1小匙
- 鲣鱼高汤精：1/2小匙
- 水：50毫升

- 深裂鸭儿芹、辣椒粉：根据喜好调整

20

1

萝卜磨成泥，放在筛网里！藕切成易入口大小。

没时间滤去萝卜泥的水分时，也可以用手轻轻地挤一下。

不要用波咕来做示范啦！疼疼疼疼！

鸡肉切成一口大小的片状后，抹上盐和胡椒，再用淀粉全部裹住。

吱

 哟 哟 哟

2

平底锅里涂上油，煎烤鸡肉和藕。用大火两面煎至变色后加入料酒转为小火，盖上锅盖蒸烤2分钟，熟了后取出来备用。

咣当

啊！！！

摇摇　　晃晃

将材料A放入平底锅加热。

3

煮到咕嘟咕嘟冒泡的时候，将步骤2的鸡肉和藕放回去再煮开一次，这时加入步骤1的萝卜泥，根据个人喜好口味加入深裂鸭儿芹和辣椒粉，等味道融合了就完成了！

嘿！
嘿！

淀粉会在鸡肉上形成一层薄膜，锁住美味和水分，这样鸡肉就能变得柔嫩多汁了！

肉上的淀粉还能自然而然地变成勾芡的酱汁。

啪嗒

啪嗒

啪嗒

※ 好孩子是不可以这样扔进去的哦。

•ᔐᕬᔑ 小知识 ᔐᕬᔑ•

呃……这时放入萝卜泥……

咕嘟

嗯嗯！加油！
萝卜含有淀粉酶、蛋白酶、脂酶这些消化酶。淀粉酶可以促进碳水化合物的分解和消化；蛋白酶可以促进蛋白质的分解和消化；解脂酶可以促进脂肪的分解和消化。

也就是说胃肠功能会变好？那不就是很适合胃下垂患者吃的食材么……

但是要注意，酶素在48摄氏度至53摄氏度的时候会被破坏！

啊！

光顾着听你说，结果煮过头了！

对对！

蒜香黄油鸡肉

材料
（2人份）

- 鸡胸肉：1块
- 盐、胡椒：各少许
- 淀粉：3大匙
- 大葱：1根
- 油：适量
- 料酒：2大匙

材料A
- 大蒜：2瓣（切末）
- 酱油、味淋、料酒：各1大匙

- 黄油：1大匙
- 生菜：适量
- 柠檬：根据喜好调整

1

鸡肉切成一口大小的片状，抹上盐和胡椒，用淀粉全部裹住。大葱切成易入口大小。平底锅涂上油，放入鸡肉和大葱，用大火两面煎烤。加入料酒后盖上锅盖，用小火蒸烤2分钟！

没错没错！

切片的话加热就能更快更均匀了吧？

2

也可以用蒜泥酱代替大蒜，放2小匙就好。

将充分搅拌后的材料A浇在肉上，放入融化了的黄油，全部调匀后熄火。

哦哦！

生菜切丝铺在盘子里，盛入肉片，完成！

还根据个人喜好口味挤上柠檬汁，清爽又美味。

蜂蜜黄芥末鸡肉

材料
（2人份）

- 鸡胸肉：1块
- 盐、胡椒：各少许
- 淀粉：3大匙
- 油：适量
- 料酒：2大匙
- 材料A
  - 黄芥末粒：2大匙
  - 酱油、蜂蜜、料酒：各1大匙
  - 柠檬汁：2小匙
- 牛油果、紫叶生菜、番茄：根据喜好调整

1

吱

吱

吸溜
吸溜

鸡肉切成一口大小的片状，抹上盐和胡椒，用淀粉全部裹住。平底锅涂上油，用大火两面煎烤。加入料酒后盖上锅盖，用小火蒸烤2分钟！

波咕我本来就有焦斑了，不用烤了吧？

2

加入充分搅拌后的材料A，浇在肉上就完成了！根据个人喜好口味加上牛油果、紫叶生菜和番茄即可。

一直担心蜂蜜和鸡肉不搭，原来很好吃啊！

啊呜

啊呜

啧……怎么好像有点疼……

不用炸、柔嫩多汁的健康油淋鸡

材料
（2人份）

- 鸡胸肉：1块
- 盐、胡椒：各少许
- 淀粉：3大匙
- 芝麻油：适量
- 料酒：1大匙

材料A
- 大葱葱白：半根（切末）
- 酱油、醋：各2大匙
- 砂糖、芝麻油：各1大匙
- 生姜、大蒜（切末）：各1小匙
- 辣椒粉：根据喜好调整

- 生菜：适量

1

噗噗噗

嗒

鸡肉切成一口大小的片状，抹上盐和胡椒，用淀粉全部裹上。

滋

原来如此
原来如此

咔

肉片裹上淀粉后，尽快开始煎烤！

因为放久了肉会渗出水分，这样淀粉就不能很好地粘连，淀粉膜就会容易脱落。

平底锅里涂上芝麻油，用大火两面煎烤肉片。加入料酒后盖上锅盖，用小火蒸烤2分钟。

2

趁烤鸡肉的时候将材料A混合均匀，制作成酱汁。

嗒

如果没有辣椒粉，用七味粉也行！
根据个人喜好的口味调整辣度。

平盘里铺上生菜，将步骤1的鸡肉盛入，在上面浇足材料A的酱汁即可！

小知识

喂喂！波咕！

你知道其实油淋鸡是最适合寒冷天气的料理么？

虽说吃完了才讲这个有点不合适……

咦！好像没怎么觉得啊……

又不是热乎乎的汤。

油淋鸡里的热性食材

葱：蒜素有利于血液循环，可以温热人体。
大蒜：蒜素有利于血液循环，可以温热人体。
生姜：姜辣素可以温热人体，提升免疫力。
辣椒粉：辣椒素可以温热人体。

如何？

葱、大蒜、生姜被称为是温热人体的三大食材！

吃了这些热性食材，就会有这样的感觉！

热乎

好厉害！这样今年冬天就能热乎乎的了！

热乎

用平底锅轻松制作香烤鸡翅根

材料
（3～4人份）

- 鸡翅根：10个

材料A
- 大蒜（磨泥）：2小匙
- 生姜（磨泥）：1小匙
- 盐、胡椒：各少许

材料B
- 大蒜：1瓣（切薄片）
- 酱油：3大匙
- 料酒、味淋：各2大匙
- 蜂蜜：1又1/2小匙
- 柠檬汁：1小匙

- 油：少许
- 生菜、樱桃番茄：各适量

1

翅根较厚的部分划出一个切口，轻轻掀开肉。

吱⋯⋯⋯⋯

翅根不容易固定住，注意不要切到手！！

哎呀！！刚说完刀就滑了！

咕噜

揉

揉

翅根放入盆中，加入材料A抓匀。

2 搅拌材料B，制成酱汁。

啪嗒

根据个人喜好口味调整蜂蜜的用量。我
喜欢甜一点，所以用 1 又 1/2 小匙！

3 平底锅充分温热后涂上油，将步骤1的鸡翅根从鸡皮面开始煎烤，待变至微熟
的颜色后加入步骤2的酱汁，转为小火，盖上锅盖蒸烤。3分钟后揭开锅盖，
一边把酱汁浇在翅根上一边收汁。

酱汁渐渐变得黏稠了……

酱汁的水分收得差不多时熄火，盛入铺上生菜
丝的盘子，加上樱桃番茄就完成了！

啊呜 啊呜

哇！推荐搭配米饭！

等、等等！
饭粒！！

◦❀◦ 小知识 ◦❀◦

一直害怕会不会被
绵绵切到……

我以为波咕你一定能把
翅根按得牢牢的！

咔溜

对不起！哇哇哇！

说起来为什么一定要划
个切口啊？

嘿嘿嘿……

那是因为切开后，就不存
在较厚的部分了，这样就
能加热均匀、更快烤熟了。

咕噜

而且也是为了防
止半生不熟。

哈哈哈！好奇怪的脸！

这样啊！原来是这么
回事！

口感完美！
松软的豆腐汉堡肉排

材料
（2~3人份）

- 木棉豆腐：1块（300克）

材料A
- 鸡胸肉肉糜：200克
- 洋葱（切末）：1/2个
- 盐、胡椒、肉豆蔻：各少许

- 油：少许
- 料酒：3大匙

材料B
- 大葱：半根（切末）
- 生姜：1片（切末）
- 酱油、醋：各3大匙
- 砂糖：1大匙
- 豆瓣酱：1小匙

- 生菜、黄瓜、番茄：根据喜好调整

1 木棉豆腐放入耐热容器中，用厨房纸巾包住，用微波炉加热2分钟来去除水分。在盆中加入材料A，充分搅拌。

建议盐、胡椒和肉豆蔻稍微多放点，加入适量的绿紫苏叶丝也很好吃！

接发球就是这种感觉！

将食材四等分。两手像玩接发球那样，将食材在手掌中来回摔打，使空气被压出。做成椭圆形，将中间位置轻轻压凹下去。

啪啦

啪啦

啪嗒

哎哟！
哎哟！

2

嘿咻

嘿咻

平底锅充分温热后涂上油，开小火，将食材放进去。盖上锅盖煎烤3分钟后翻面，再盖上锅盖煎烤3分钟。

打开锅盖倒入料酒后再次盖上锅盖，蒸烤2分钟左右。

如果有不粘平底锅的话只需要少量油就能煎烤了。

如果没有料酒，用水也可以，不过用料酒可以使成品更加蓬松好吃。

3

混合材料B做成酱汁。

不能吃辣的话可以不用豆瓣酱。

建议吃的时候多浇些酱汁！

盘子里根据个人喜好口味装上切成易入口大小的生菜、黄瓜和番茄，盛上汉堡肉排，浇上酱汁就完成了，要趁热吃！

东张 西望

咦？汉堡肉排呢……

·❀ 小知识 ❀·

非常松软，而且肉汁浓郁，太好吃了。多谢款待！

嘿嘿嘿！

如此美味的秘诀就在于蒸烤！汉堡肉排变得干巴巴大多是因为在煎烤的时候肉汁被蒸发掉了！

变硬的原因也是这样！

为了防止变干，可以先煎烤表面，然后再蒸烤，这样做肉汁不会被蒸发，而是被锁在了汉堡肉排里面。

原来如此！我会做好吃的汉堡肉排啦！

汉堡肉排从此就进入蒸烤的时代了！！

哈哈

肉汁和美味都满满的 日式油豆腐鸡肉饺

材料
（2～3人份）

- 日式油豆腐：4块

材料A
- 大葱：1根
- 韭菜：半把
- 蟹味菇：半把
- 绿紫苏叶：8片

材料B
- 料酒、酱油、蛋黄酱：各1大匙
- 生姜、大蒜（磨泥）：各1小匙
- 鸡精：1/2小匙

- 鸡胸肉肉糜：200克
- 芝麻油：适量
- 料酒：3大匙

1

先来处理日式油豆腐吧！

材料A的大葱、韭菜、蟹味菇切末，绿紫苏叶切丝。

油豆腐在使用前需要去油除味。

好……重……

油豆腐的处理方法：

①每块单独放进筛网。

②用开水转着浇两面。

③擦干净水分。

还可以放进热水里煮一下，用厨房纸巾或者用保鲜膜包上油豆腐，放在微波炉里加热30秒。

真简单！

2 将材料A、材料B和鸡胸肉肉糜放入盆中，搅拌到有黏性。将日式油豆腐一分为二，打开成袋状，塞入食材，用牙签封上切口。

3 然后来煎烤吧！平底锅温热后涂上芝麻油，用中火两面煎烤步骤**2**的食材。待变色后加入料酒，盖上锅盖蒸烤3分钟。等到食材都熟了就完成了！

根据个人喜好口味可以加上黄芥末。

·ꕥ 小知识 ꕥ·

绵绵，你刚才向肉糜里悄悄加了一点点蛋黄酱吧？你就这么喜欢蛋黄酱吗？

没、没有……才不是这个原因。

通常肉糜被加热时，蛋白质会紧紧结合在一起，所以肉质就变硬了。

加入蛋黄酱等乳化油，就能软化这种变硬的蛋白质，如此才能做出柔嫩多汁的肉啊！

就是！我可不是为了做成蛋黄酱味！

哦！原来是这样啊！

吓了一跳

对了，顺便说一下，在吃的时候可以试着加蛋黄酱和七味粉，也很好吃！

唰

……

这是我的蛋黄酱！嘿嘿嘿……

用水让肉变得多汁的绝品炸鸡块

材料
（2人份）

- 鸡腿肉：1块

材料A
- ┌ 料酒：2大匙
- │ 酱油：1大匙
- │ 生姜（磨泥）：1/2大匙
- └ 大蒜（磨泥）：1小匙

- 水：适量

材料B
- 小麦粉、淀粉：各2大匙

- 油：适量
- 生菜：适量

1 鸡肉切成一口大小，装入保鲜袋中，加入材料A，搅拌均匀后放入冰箱，冷藏腌制30分钟。

啪 啪

腌制时间超过30分钟的话，肉就会不断失去水分，做出来的菜就干巴巴的了，所以一定要严格遵守时间！！

我还以为腌的时间越久就越入味，会更加好吃呢！

顺便说下，20分钟后将肉从冷藏层取出，静置10分钟回复到室温，这是令炸鸡块美味的诀窍！回复到室温，肉的内外就没有了温度差，加热也就均匀了！

烤肉的话也是一样，牛排之类大块的肉从冰箱拿出来后，要解冻30分钟左右。

肉糜很快就能回复到室温——

一定要注意！

2 从步骤1的保鲜袋中取出鸡肉，放入另一个保鲜袋中，加水后揉搓20～30次，然后用厨房纸巾擦去水分，放入平底方盘中，将搅拌后的材料B涂在鸡肉上。

什么！放水里？那味道不会变淡吗？

揉搓

揉搓

揉搓

3 将步骤2的鸡肉放入170摄氏度至180摄氏度的油里炸，在鸡肉变成金黄色前把鸡肉取出放到盘子里，等待3～4分钟。

再次用180摄氏度的油炸鸡肉，待颜色变成好看的金黄色即可。盘子里铺上生菜丝装盘就完成啦！

让我尝尝……
让我尝尝……

哇哦哦哦……

先捞出鸡肉，然后再用余热来加热鸡肉是美味的关键，这样也可以防止半生和炸焦。

这样一来鸡肉中间是松软的，再次炸后外皮就松脆了。

33

小知识

我明白二次油炸可以令肉中间松软、表皮松脆，可为什么要把肉放在水里揉搓还是个谜啊！

涂的酱汁里有盐的吧？盐分进入肉里，会让肉的美味和水分不断流失，这在刚才步骤1里也说过了。

哎！那就会变成干巴巴的了吧……

因此——

要在水里揉搓20次左右！这样肉就能吸收那些水分，做出来的成品也就变得多汁了！

但是要注意，如果肉长时间浸泡在水中，底味就会被泡没了！30秒之内是没问题的，注意下时间就行啦！

啪啪

啪啪

啪啪

松软嫩滑的猪肉韭菜炒鸡蛋

材料
（2人份）

- 猪肉边角料：150克
- 盐、胡椒：各少许
- 大蒜（磨泥）：1小匙
- 淀粉：2大匙
- 油：适量
- 韭菜：1把

材料A：料酒、酱油：各1大匙半
　　　 鸡精：1小匙半

材料B：鸡蛋：3个
　　　 蛋黄酱：1大匙

1 放入盐、胡椒和大蒜，与猪肉一起抓匀。

放入蒜会变得非常好吃！

哎

揉
揉

咚
咚
咚

猪肉裹上淀粉，平底锅温热后倒油开始翻炒，炒熟后取出备用。

让肉变软的诀窍就是我们的老朋友——淀粉。
做菜的时候，淀粉可以锁住水分和美味。

2 韭菜切成3~4厘米的长段，放入同一个平底锅，用大火快速炒一下，然后加入步骤1的猪肉和材料A。

韭菜一下子就熟了，要注意！

吱啦

吱啦

3 待味道全都调匀后，加入搅拌混合后的材料B，用大火一边搅拌一边加热30秒即可。

如果不喜欢蛋黄酱，可以试试加1大匙豆奶，也能炒得蓬松。

•❀• 小知识 •❀•

鸡蛋加蛋黄酱……没办法搅匀啊，真的是这么做的吗？

咕噜

咕噜 咕噜

啊……那样就可以了，因为一加热就会融化了！

话说为什么要在鸡蛋里加蛋黄酱啊？

这是因为

加入蛋黄酱的话，加热的时候可以软化变硬的蛋白质。

而且因为乳化油，即使冷了也能保持蓬松的状态！

也吃不出来蛋黄酱味道！

真好吃！

松脆柔滑的猪肉生菜卷

材料
（8个/2人份）

- 猪肋条肉：8片
- 盐、胡椒：各少许
- 加工奶酪：2块
- 生菜：4片
- 淀粉：适量
- 芝麻油：适量

材料A
- 料酒、酱油、味淋：各2大匙
- 砂糖：1小匙
- 生姜、大蒜（磨泥）：各1小匙
- 芝麻油：1/2小匙
- 韩式辣酱：根据喜好调整

1 首先是准备工作！先在猪肉上撒上盐和胡椒备用。

哟

哟

哟

味溜

奶酪分成四等分。生菜洗净后放入耐热的容器中，用保鲜膜轻轻封住，放入微波炉加热1分钟。

加热后的生菜很烫，要小心！生菜里的水分都出来了，用手挤掉吧。

等生菜冷却后，也可以用厨房纸擦去水分。

2 将步骤1的猪肉轻轻裹上淀粉，放上适量的生菜和1块奶酪，再一起卷起来。重复之前的步骤，卷好8个后再用适量淀粉全部裹一下。

①轻轻裹上淀粉。　②放生菜。　③放奶酪。　④一起卷起来。　⑤顺利卷好啦。

粥粥

用牙签固定住，就能煎出漂亮的成品啦！

3 平底锅加热后涂上芝麻油，用中火煎烤步骤2的食材。一边翻滚一边等到变色，放入材料A，均匀地浇在肉上就完成啦！

将肉卷的接缝处朝下开始煎，就可以顺利滚动啦！因为粘在一起了，取下牙签，咕噜咕噜滚动猪肉就行。

·ᖘᕈᖌᔿ 多多尝试更好吃！ ᖙᕈᖌᖘ·

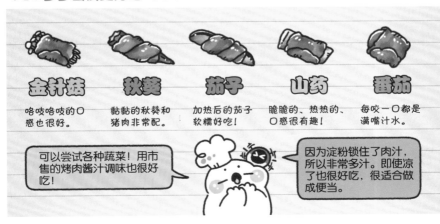

金针菇
咯吱咯吱的口感也很好。

秋葵
黏黏的秋葵和猪肉非常配。

茄子
加热后的茄子软糯好吃！

山药
脆脆的、热热的、口感很有趣！

番茄
每咬一口都是满嘴汁水。

可以尝试各种蔬菜！用市售的烤肉酱汁调味也很好吃！

因为淀粉锁住了肉汁，所以非常多汁。即使凉了也很好吃，很适合做成便当。

只用微波5分钟！
简单的小笼包

材料
（15个/2人份）

材料A
- 水：100毫升
- 鸡精：1小匙
- 明胶粉：4克

材料B
- 猪肉糜：100克
- 大葱：5厘米段（切末）
- 料酒：1小匙
- 生姜、大蒜（磨泥）：各2小匙
- 酱油、砂糖、芝麻油：各1/2小匙

- 饺子皮（直径约9厘米）：15张
- 白菜：100克

1

将材料A放入耐热容器，用微波炉加热20秒。取出充分搅拌后，溶入明胶粉。

哎呀呀

嘿咻
嘿咻

将材料B放入盆中充分搅拌后，放入材料A的明胶液体，放进冰箱冷藏30分钟至1小时。

充分冷却使明胶凝固就是做得好吃的秘诀。

2

饺子皮托于手上，全部用水打湿。将步骤1的馅料十五等分，取一份用饺子皮包上。

①捏出4个褶。 ②放上馅料。 ③捏出更多的褶。 ④将褶向上集中。 ⑤统一方向。 ⑥拧在一起！

3

在大一些的耐热平盘上铺上白菜丝，将步骤2的小笼包间隔着放在上面。用打湿的厨房纸巾轻轻地盖住小笼包，再轻轻盖上保鲜膜。

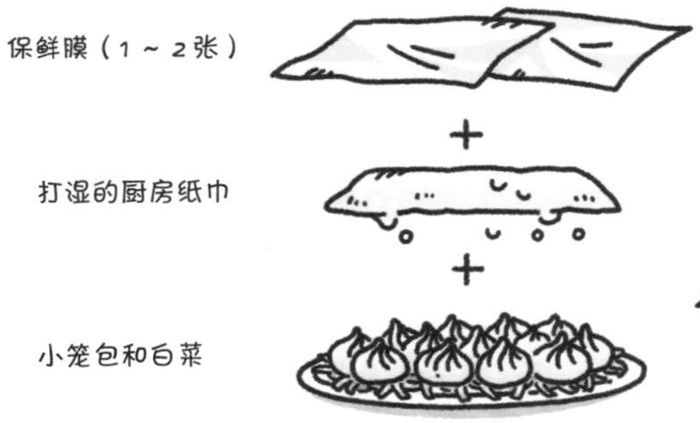
保鲜膜（1～2张）
+
打湿的厨房纸巾
+
小笼包和白菜

然后用微波炉加热5分钟就完成啦！
啊呜
啊呜

小知识

小笼包本来不是要用蒸的吗？
没错！
那为什么微波炉也能做？
也太容易了……
打湿的厨房纸里的水分升温后变成蒸汽，因为有保鲜膜盖着，所以为小笼包提供了热量，这样就令小笼包不再干燥。热气从表面向中间进入，做出来的成品就会松软多汁了，所以原理其实变得跟蒸笼一样！
原来如此！将微波炉的状态变得和蒸笼一样来制作啊！
咔咔咔……
咦……咦……
为什么这个文字板会掉……

猪肉做出的绝品！
柠檬罗勒香肠

材料
（4根/2人份）

材料 A
- 猪肉肉糜：200克
- 大蒜（磨泥）、砂糖：各1小匙
- 盐、现磨黑胡椒：各1/2小匙
- 柠檬皮（切末）：10克
- 肉豆蔻、孜然：各适量
- 干罗勒：根据喜好调整

- 料酒：30毫升
- 冰块：1块
- 小麦粉：1大匙

40

1

吱溜⋯⋯⋯

水和冰块

准备2个盆，一个里面放满水和冰块（材料外），将另一个盆放在刚才的盆里面，放入材料A，揉拌至出现黏性。

在揉拌肉馅前加盐的话，可以让馅料充满弹性又多汁。在揉拌肉馅之后加盐的话，做出来的肉馅就会比较松软。

接着加入料酒和冰块，冰块融化后加入小麦粉，搅拌至有黏性后盖上保鲜膜，放入冰箱冷藏30分钟。

这道食谱里，一边冷却猪肉一边制作就是美味的诀窍。

因为如果猪肉是温热的，美味的脂肪就会不断流失了。

哇哇

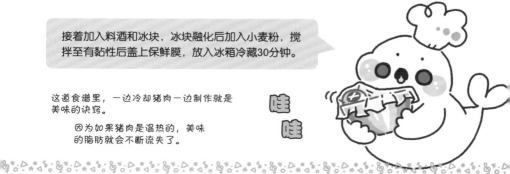

2 将肉馅从冰箱拿出来后再搅拌一次，分成四等分。用保鲜膜包成香肠的形状，然后再包上铝箔。要卷得毫无空隙，不能让水分进入。

①肉馅放在保鲜膜上。　②紧紧地卷起来。　③两端用橡皮筋扎上，整理形状。　④用大一些的铝箔。　⑤紧紧裹上！

3 平底锅放满水，像插图那样用盘子进行组合，完成蒸笼。用小火蒸香肠10分钟，余热散去后，剥开铝箔和保鲜膜就做好啦！

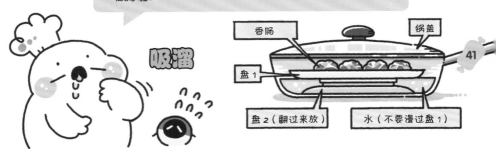

吸溜

香肠　锅盖　盘1　盘2（翻过来放）　水（不要漫过盘1）

41

•°o⭐o°• 多多尝试更好吃！ ⭐o°•

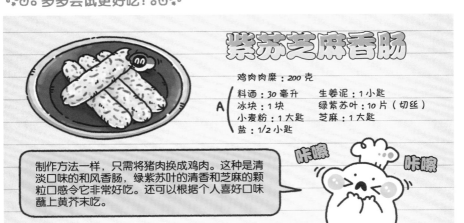

紫苏芝麻香肠

鸡肉肉糜：200 克

A

料酒：30 毫升　　生姜泥：1 小匙
冰块：1 块　　　　绿紫苏叶：10 片（切丝）
小麦粉：1 大匙　　芝麻：1 大匙
盐：1/2 小匙

制作方法一样，只需将猪肉换成鸡肉。这种是清淡口味的和风香肠，绿紫苏叶的清香和芝麻的颗粒口感令它非常好吃。还可以根据个人喜好口味蘸上黄芥末吃。

咔嚓　咔嚓

第二天的关东煮

> 天冷了，又到了吃关东煮的季节啦。

> 真的呢，好暖和！

> 热乎

> 热乎

> 对了！吃剩的关东煮汤汁和食材不要扔掉，我有道只有关东煮才能做的美味食谱……

> 哎！什么什么？快教我——

入味的豆腐饭

（4人份）

① 600毫升关东煮汤汁里，放入60克砂糖、60毫升酱油、100毫升料酒，点火。

② 豆腐2块（各300克）切成两半，加入步骤①中，用小火煮30分钟后，等待至自然冷却。

③ 在吃之前，将步骤②的豆腐重新温热，将豆腐和汤汁盖在米饭上就可以吃了。

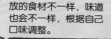

> 放的食材不一样，味道也会不一样，根据自己口味调整。

> 甜辣的口感……嗯嗯……就是这个味道！

> 豆腐不用去除水分，并且使用木棉豆腐和绢豆腐都可以，各自有不同的口感！

厚重的木棉派，还是轻柔的绢派？

关东煮什锦饭

（300克大米分量）

① 大米300克淘好后滤水，放入电饭煲中，加入与300克大米煮饭所需水等量的关东煮汤汁。

② 将自己喜欢的关东煮食材切碎放入步骤①的电饭煲中，按下煮饭按钮即可。

> 味溜

> 需要先倒入汤汁。如果先放了食材的话，需要的水量就不能确定了。

> 食材切得大块一点更好！

第 3 章

超级简单的
鱼贝类食谱

鱼贝类料理总给人似乎很难、
不易成功的感觉。
本章我们将让大家摆脱这种烦恼，
教会大家简单快捷的鱼贝类食谱！

让鱼贝类更加美味

对了，波咕听说过"食物的欧美化"这事么？

嗯……好像有！

嗖

就是指以肉类为主的饮食。近年大家的饮食习惯开始渐渐走向欧美化了！

如果过多地摄取肉类，就会容易高脂肪、高胆固醇，营养也容易不均衡！

哇

咦？这么一说还真是……

带来的结果就是患"生活习惯病"的人数增加！

动脉硬化和脑溢血等

咴……

咚

而鱼类含有的营养素以EPA、DHA 为例——

怎么了？！

抖抖

可使血液通畅，有利于预防和防止"生活习惯病"，也对花粉过敏等过敏性疾病患者有着安定神经和提高免疫力的作用。

胆固醇　血栓

红血球　（劣质血管）血管壁

（优质血管）

45

鱼类因为"做起来麻烦""吃起来麻烦"，食用量在每年减少，而现在人们开始对此重新评价了。

我的主食就是鱼啦，非常健康！

咕噜

虽然听说鱼对身体健康有好处，但是没想到这么好！

那必须要积极地去吃！

呜哇

你对鱼类现在也有兴趣了吧！我就赶快介绍鱼贝类食谱了！

好！

嘿

我是绝对不会说因为 DHA 对大脑发育有促进效果，所以要让笨蛋波咕多吃点这话……嘿嘿嘿……

软嫩鲜味满口的 料酒蒸文蛤

材料
（2人份）

- 蛤蜊：1袋（300克）

材料A
- 水：250毫升
- 盐：1/2大匙

材料B
- 料酒、水：各40毫升
- 大蒜：1瓣（切薄片）
- 小葱（切段）、红辣椒（切两半），根据喜好调整

1

先让蛤蜊吐沙。

 好的！交给我吧！

① 将蛤蜊放到平底盘中。如果有食物滤网，放在盘子里面双层过滤就更好了！

食物滤网超市有卖，因为有两层，可以防止吐出的沙再次被贝类吸收。

② 将材料 A 混合的盐水倒入，至蛤蜊一半左右的高度。

如果水太多，贝类就会无法呼吸窒息而死……

③ 用砧板之类的盖上，阻隔光线。

如果是在超市买的，就这样放置2～3小时。

咔嚓 咔嚓

事先将蛤蜊搓洗干净。

哦——

这时有点开口的蛤蜊是已经死了的，要拿开。因为闭壳肌的闭合能力变弱，所以蛤蜊开口了……

2

锅里放入步骤**1**的食材和材料**B**后盖上锅盖，用中火蒸烤。等到有一个蛤蜊开口了就关火。

嘿嘿嘿……

这就是柔嫩美味的诀窍！

咦？不需要加热到全部开口吗？！

3

盖上盖子等2分钟就完成啦！

事先将大蒜和葱用10克黄油炒一下再煮就更美味啦！

蛤蜊的汤特别鲜。

•ૐ 小知识 ૐ•

蛤蜊做得柔嫩的诀窍之一就是和料酒等量的水，用大量的蒸汽来蒸熟蛤蜊是关键！

诀窍之二就是当有一个蛤蜊开口就立刻熄火，如果煮过头，蛤蜊肉就会变硬了……

啪　啪　　啪

……

说个题外话，吐沙后的蛤蜊放进食物滤网，盖上打湿的厨房纸巾，放在室温下1小时到半天，鲜味最大会提升7倍。

蛤蜊的鲜味来源于琥珀酸，这是来到地面的蛤蜊感到了压力就会大量分泌的物质。

有时间的话一定要试试！

紧张　紧张　紧张

没完没了……

压……压力促使更美味吗？！

但是经过12小时，琥珀酸就会变成苦味，所以烹饪的时候一定要严守时间！

所以1～3小时效果最好！

简单的白姑鱼！意大利风味煮鱼

材料
（2～3人份）

- 蛤蜊：1袋（300克）
- 白姑鱼：2条
- 橄榄油：适量

材料A
- 大蒜：2瓣（切末）
- 红辣椒：1个
- 樱桃番茄：10个

材料B
- 蟹味菇：半把
- 白葡萄酒：200毫升
- 月桂叶：1片

- 盐、胡椒：各少许
- 意大利香芹、干牛至：根据喜好调整

48

1

首先是准备工作，蛤蜊要先吐沙。

蛤蜊的吐沙方法参见第46页。

白姑鱼清洗干净，用剪刀除去鱼鳃，用菜刀去除内脏和鱼鳞。然后在腹部划十字形刀花。

用菜刀刮去鱼鳞，也可以用厨房纸巾包上塑料瓶盖来刮。

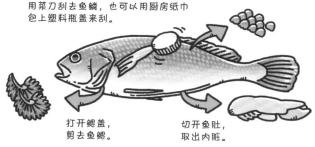

打开鳃盖，剪去鱼鳃。

切开鱼肚，取出内脏。

鱼鳃非常腥臭，要赶快弄掉！用剪刀很容易就剪掉了，最后再洗干净。

2 平底锅温热后涂上橄榄油，翻炒材料**A**。待炒出香味后，放入白姑鱼煎至两面轻微变色。

因为之后还要煮，所以白姑鱼不用全熟。

哦哇哇哇！好香啊！

吱啦

3 在步骤**2**的平底锅里加入材料**B**，边往白姑鱼上浇汁边煮。等到鱼全熟了再加入蛤蜊，盖上锅盖用中火蒸烤。等有1个蛤蜊开口后就关火，继续等待2分钟。

鱼和蛤蜊在这个等待时间里就会变美味，简直激动得不得了！

噗……

然后用盐和胡椒调味，撒上意大利香芹和干牛至就完成了！

多余的汤汁可以浇在意大利面上，也可以蘸法棍面包吃，还可以加到饭里做烩饭。

 喂！别吃独食啊！

。✿৩ⵗ 小知识 ⵗ৩✿。

啊！真好吃啊！而且意大利风味烤鱼这个名字真高级啊！

嘿嘿嘿……听起来确实挺高级，但是这道菜其实是意大利南部的乡土料理——将番茄、贝类、橄榄、大蒜等食材和白姑鱼一起扔到锅里，用白葡萄酒和水煮成豪迈的渔夫料理！

因为渔夫是在船上做的，随着船的摇晃锅里的食物也在激烈摇晃，因此这道菜的意大利语菜名里含有"水"和"疯狂"的意思。

这、这么男子汉的料理啊，真没想到！

用碳酸来软化的章鱼煮芋头

材料
（2人份）

- 熟章鱼：100克
- 芋头：2个

材料 A
- 碳酸水、水：各200毫升
- 料酒：100毫升

材料 B
- 生姜：1片（切丝）
- 砂糖：1大匙

材料 C
- 酱油：1大匙半
- 鲣鱼高汤精：1/4小匙

1

先将章鱼切成一口大小。

哆嗦 哆嗦 哆嗦

锅里放入章鱼和材料A，开火煮10分钟，但不要煮开。
然后加入材料B，再煮10分钟，同样不要煮开。

会出现浮沫，要舀出去。

要想软化章鱼，最重要的就是不要煮开。

如果喜欢甜味就多加点砂糖！

咕嘟 咕嘟

2 芋头洗净，切去两头，然后用保鲜膜整个包上，用微波炉加热3分30秒。待冷却到一定程度，用手指一压剥去皮之后，切成一口大小。

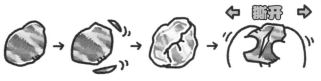

① 洗干净芋头。

② 切掉上下两头。

③ 用保鲜膜包上。

④ 压住皮剥开。

我就知道加热芋头是为了剥皮，

没想到这么简单，一撕皮就剥开了。

3 向步骤**1**的锅里加入步骤**2**的芋头和材料**c**，用铝箔纸做个小锅盖盖上，用微火煮1小时后收汁就完成了！

过40分钟左右看一下，如果章鱼软了就做好了。

原来章鱼能煮得这么软啊，以前总是煮成像橡胶那么硬……

啊呜 啊呜

啊呜 啊呜

⋆°🐾 小知识 🐾°⋆

第一，加热时不要煮开。第二，用碳酸水煮。虽然知道这两点……

嗯嗯……

咦？想让我再讲详细点吗？

提问题是好事啊。

首先第一点，章鱼在65摄氏度时开始收缩，70摄氏度以上就会变硬了，所以不能用大火猛地加热。

然后第二点，碳酸水可以分解蛋白质，使肉质变得柔软，我们正是利用了它的这个功能。

啾

原来如此原来如此

那么，你觉得也能让海豹什么的变软吗？！

啾

哎……哎？！呜——哇——

鲜美得令人尖叫！
黄油煎牡蛎

材料
（2人份）

▪ 牡蛎:1袋

材料A
┌ 水:200毫升
└ 盐:1小匙

▪ 盐、胡椒:各少许

▪ 淀粉:适量

▪ 橄榄油:适量

▪ 大蒜:1瓣（切薄片）

▪ 黄油:5克

▪ 酱油:1小匙

▪ 小葱（切葱花）:适量

1

将牡蛎用材料A混合的盐水清洗。

更加鲜美的关键之一就是盐水。

哗啦
哗啦

用厨房纸巾擦去水分，轻轻抹上盐和胡椒，
用淀粉全部裹住。

因为很容易弄伤牡蛎，所以要轻柔
地清洗、轻柔地擦去水分。

沙
沙

呼呼……

2 平底锅温热后涂上橄榄油，翻炒大蒜，让蒜香渗入油中，然后加入黄油。待黄油融化后加入步骤1的牡蛎，两面煎烤。

开始煎烤牡蛎后，不能经常用筷子去拨动，要煎得完整和有嚼头。

3 牡蛎熟了以后，浇上酱油入味就完成了，盛入盘里，撒上小葱，趁热吃吧！

不用酱油，只用盐和胡椒调味也很好吃！并且淀粉可以锁住鲜味，非常多汁！

这么说来，鸡肉等肉类也能用这个方法做得好吃呢！

哈

·ஃ 小知识 ஃ·

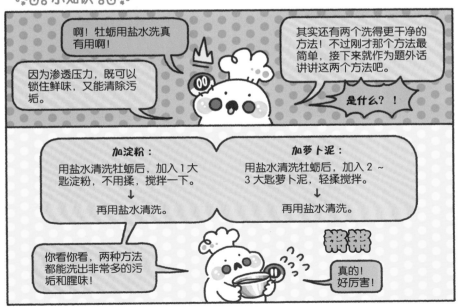

啊！牡蛎用盐水洗真有用啊！

因为渗透压力，既可以锁住鲜味，又能清除污垢。

其实还有两个洗得更干净的方法！不过刚才那个方法最简单，接下来就作为题外话讲讲这两个方法吧。

是什么？！

加淀粉：
用盐水清洗牡蛎后，加入1大匙淀粉，不用揉，搅拌一下。
↓
再用盐水清洗。

加萝卜泥：
用盐水清洗牡蛎后，加入2～3大匙萝卜泥，轻揉搅拌。
↓
再用盐水清洗。

你看你看，两种方法都能洗出非常多的污垢和腥味！

真的！好厉害！

蒜香味让人食欲大开！
竹荚鱼南蛮渍

材料
（4人份）

- 小竹荚鱼：12条
- 盐：少许
- 淀粉：适量

材料A
- 洋葱：半个（切薄片）
- 胡萝卜：半根（切丝）
- 青彩椒：2个（切丝）
- 大蒜：1瓣（切薄片）
- 红辣椒：1~2个（切圈）

材料B
- 水：150毫升
- 醋：4大匙
- 酱油、砂糖：各2大匙
- 味淋：1又1/2大匙
- 鲣鱼高汤精：1小匙

54

1

去掉小竹荚鱼的锯齿状鳞片、内脏、背鳍、胸鳍，用水清洗后轻轻抹上盐，稍微放置一会儿。

啪嗒　啪嗒

抹上盐后，渗出来的水分里有很重鱼的腥味，滤去这些水就去除腥味了。

用厨房纸巾擦干水分，把鱼用淀粉全部裹上。

如果是非常小的小竹荚鱼，不去除内脏、锯齿状鳞片、背鳍、胸鳍，直接炸也是可以的！

我是海豹，也很喜欢生鱼。

啊！竟然生吃食材！

2 用炒锅或者深一点的平底锅，将油加热至160摄氏度，用小火慢慢地炸步骤**1**的小竹荚鱼！

用小火慢慢炸或者炸两次，就可以连骨头一起吃了！

吱啦

3 余热散去后，将小竹荚鱼装入密封保鲜袋，加入材料**A**后再倒入混合均匀的材料**B**，放入冰箱冷藏。

因为蔬菜很多，所以分两个袋子装，将鱼和蔬菜一分为二，分别装，这样比较好。

哇哦哦哦……

腌制半天到1天即可。

大蒜的香味真好闻！

啊呜 啊呜 啊呜

•ᘓᕷᘻ 多多尝试更好吃！ ᘻᕷᘓ•

鲐鱼和茄子南蛮渍

		材料A	洋葱：1/4个（切薄片）
鲐鱼（三片刀法）：半条			胡萝卜：1/4根（切丝）
盐：少许			青彩椒：1个（切丝）
淀粉：适量			大蒜：1瓣（切薄片）
油：适量			辣椒：1～2个
茄子：1根（滚刀切开）			

	材料B	水：150毫升
		醋：4大匙
		酱油、砂糖：各2大匙
		味淋：1又1/2大匙
		鲣鱼高汤精：1小匙

茄子很多汁，好吃！

剔除鲐鱼的骨头，抹上盐后擦去水分，用淀粉全部裹住后油炸。之后将茄子直接油炸即可。后面的做法相同！

给我 给我

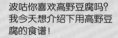

专题3

高野豆腐食谱

波咕你喜欢高野豆腐吗?我今天想介绍下用高野豆腐的食谱!

嗯嗯! 虽然不讨厌, 但是我好像很少吃!

那真是太可惜了! 其实它对身体很好。

所谓高野豆腐, 就是冷冻后再熟化和干燥的豆腐。它所含的蛋白质比豆腐多7倍、钙质多5倍、铁多7倍。高野豆腐在冷冻过程中蛋白质发生了变化, 发挥了类似不易消化的食物纤维的作用, 于是还具有抑制胆固醇、增强消化吸收和代谢的作用。

哎! 这样啊! 我要多把它放上餐桌!

正适合绵绵!!

高野豆腐是低热量、不易致胖的蛋白质食品, 非常适合健康减肥时食用。

脆脆黏黏的油炸高野豆腐

①高野豆腐用水泡发 (用开水也可以)。

在水里放1大匙酱油、1/2 大匙鲣鱼高汤精, 这样做出来会更好吃!

②高野豆腐完全泡发后, 挤去水分,每块六等分后放入大碗中。然后撒上淀粉, 全部裹满。

③在深平底锅或锅里放入油, 加入高野豆腐后点火,用中小火慢慢炸。

嘿嘿……

从冷油开始慢慢炸就是让豆腐黏黏的秘诀!

冷油吗?!

④平底锅里加入材料 A 煮开, 煮至黏稠, 做成淀粉馅。将步骤③的高野豆腐盛入盘里, 浇上淀粉馅, 根据个人喜好口味加入萝卜泥100克, 撒上小葱即可。

材料 A	水: 150 毫升	酱油: 1 小匙
	鲣鱼高汤精: 1/2 小匙	生姜泥: 1 小匙
	味淋: 1 大匙	淀粉: 2 小匙

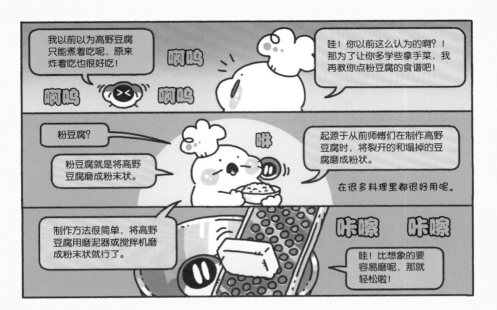

简单！用粉豆腐做雪花菜

（2～3 人份）

① 高野豆腐 40 克，用磨泥器磨碎（用搅拌机也行）。

② 平底锅温热后，放入适量芝麻油，加入切成合适大小的材料Ⓐ翻炒。

```
胡萝卜：1/3 根
香菇：3 个
毛豆：50 克
日式油豆腐：1 块（去油）
```

放点大葱和鱼竹轮
也很好吃！

③ 步骤②的食材变软后，加入粉豆腐和材料Ⓑ，用小火煮 10 分钟入味。

```
砂糖：2 大匙
酱油：1 大匙
味淋：1 大匙
盐：1/2 小匙
鲣鱼高汤精：1/2 小匙
```

边尝味边加盐！

④ 向步骤③里转着倒入 1 个鸡蛋搅匀后的
蛋液，盖上锅盖，用小火煮 2 分钟。

加入鸡蛋可以使味
道更温和。

用粉豆腐做健康的鸡肉丸

（16个分量）

① 高野豆腐 40 克，用磨泥器磨碎。

② 将步骤①的材料放入盆里，加入材料 A 充分搅拌。

材料 A
- 鸡肉肉糜：300 克
- 洋葱：半个
- 藕末：70 克
- 绿紫苏叶：10 片（切丝）
- 鸡蛋：2 个
- 生姜泥：2 小匙
- 淀粉：2 大匙
- 盐、胡椒：各少许
- 味噌：1 大匙

藕的清脆口感是亮点！

咔

咔　咔

③ 将步骤②的材料十六等分，捏成小的椭圆形。
平底锅温热后涂上油，用中火煎烤肉丸。当两面都变成金黄色时，加入 2 大匙料酒，转为小火，盖上锅盖，蒸烤 2 分钟。

吱啦

④ 揭开锅盖，加入材料 B，将汤汁浇在鸡肉丸上，最后撒上葱花就完成了！

材料 B
- 酱油：1 大匙半
- 味淋：1 大匙半
- 砂糖：1 小匙
- 芝麻：适量

哟

边蘸生蛋黄边吃很美味，也可以在肉丸里加入芝士！

可以用切碎的鸡软骨来代替藕末，会是另一种美味的口感！

芦笋去掉硬皮，裹上淀粉，插进肉丸里煎烤，就成了芦笋鸡肉丸。香菇去柄，内侧裹上淀粉，塞进肉丸煎烤，就成了香菇鸡肉丸啦！试着多尝试看看吧……

第 **4** 章

每天都想吃的
健康蔬菜食谱

抱怨"每天的食物里蔬菜不够多"的人快看这里！
迅速、营养均衡地升级！

芥末牛油果拌豆腐

材料
（2人份）

- 木棉豆腐：半块
- 牛油果：半个
- 樱桃番茄：4~5个
- 黄瓜：半根

材料A
- 酱油：1大匙
- 绿芥末：适量

1 耐热容器中铺上厨房纸巾，放上木棉豆腐，用微波炉加热2分钟。在豆腐上铺一张厨房纸巾，再放上盘子等重物盖上等待20分钟。待去除水分后，切成骰子大小的丁。

热乎乎　　　　　　　　　　　　　　喇

① 500瓦微波炉加热2分钟。　　② 用厨房纸巾铺在豆腐上。　　③ 放上盘子等重物。

去除水分后会变得非常浓郁，用绢滤豆腐也能做得很好吃！

牛油果切成骰子大小的丁，樱桃番茄切成四等份，黄瓜切成小块。

2 将步骤**1**的食材和材料**A**放入盆中，充分搅拌后即可。

牛油果很容易变色，所以可以事先浇上柠檬汁，与其他材料搭配起来也很好吃。

搅拌
搅拌

健康醇厚的卡布里沙拉

材料
（2人份）

- 酸奶：250克
- 西红柿：1个
- 橄榄油：适量

材料A ···· 盐、现磨黑胡椒、干罗勒：各适量

1 酸奶倒入咖啡滤纸里，蒙上保鲜膜，放进冰箱冷藏1天至1天半后过滤。滤好后轻轻将酸奶从滤纸中移出来。小心不要弄散了，放在砧板上，切成1厘米宽的片。

酸奶 250 克

保鲜膜

滤纸 + 杯子 或 盘子 +

好！结束！

哎，就这样？！

2 番茄切成薄半月形，在盘子里与步骤1的酸奶轮流摆盘。浇上橄榄油，撒上材料A就可以吃啦！

拌沙拉酱吃起来也很美味！

因为是用酸奶做的，所以很健康。

好吃
好吃

绝赞的意式辣味毛豆

材料
（2人份）

- 毛豆（带豆荚）:150克
- 橄榄油:1大匙
- 大蒜:1瓣（切末）
- 红辣椒:半个（切圈）
- 盐:1/3小匙

1 毛豆如果是冷冻的，可以用流水冲洗或用微波炉加热先解冻，如果是鲜毛豆就可以直接煮。

平底锅温热后涂上橄榄油，用小火慢慢翻炒大蒜。炒出香味后，加上红辣椒继续翻炒。

毛豆很容易加热，所以很快就能熟了。

如果没有橄榄油，也可以用普通的油。

辣椒切成了细圈，小心会非常辣！如果不太能吃辣，可以切成两半。

2

加入毛豆快速炒匀，放盐搅拌均匀后就完成啦！

除了意式辣味外，还可以用2小匙黄油炒毛豆，再浇上酱油。黄油和酱油味的也很好吃！！

用芝麻油炒，再加上盐也很好吃……

是蔬菜吗？ 中式素海蜇丝

材料
（2人份）

- 干萝卜丝：30克
- 黄瓜：1根

材料A
- 红辣椒：半个（切圈）
- 酱油：1大匙半
- 醋：1大匙
- 砂糖：1小匙半
- 芝麻油：1小匙
- 鲣鱼高汤精：1/2小匙

1

干萝卜丝用冷水泡15～20分钟再拧干。

啊……

虽说想早点泡发，但是不能用开水！
多放点水让它泡发吧！

然后洗干净，去除沙子
和灰尘后再拧干，洗出
来的脏东西超乎想象！

哧溜

2

在盆里放入步骤1的萝卜丝、切成丝的黄瓜和材料A搅拌，放进冰箱冷却后就可以吃啦！

唔唔唔……口感真的很像
中国菜里的海蜇丝呢！

干萝卜丝也能直接吃，软
软脆脆的很有趣！

咔嚓

咔嚓

咔嚓

软软的……

充满弹性、爽口清脆！莲藕萝卜饼

材料
（3～4人份）

- 萝卜:150克
- 藕:100克

材料A
- 藕:50克（切末）
- 小葱:1/3把（切葱花）
- 红生姜:30克（切末）
- 淀粉:3大匙
- 虾米:2大匙
- 芝麻:1大匙
- 鲣鱼高汤精:1/2小匙

1

先将萝卜磨成泥，滤干水分后放入盆中。用手挤去水分，这样会使萝卜从150克减到80克左右。

直接使用的话，萝卜的水分就太多了。

然后将藕也磨成泥加进去。

之后加入切碎的藕，这样就会有爽脆的口感，很好吃！

2

在在步骤**1**的盆里加入材料**A**搅拌。

啪嗒

快点煎！
快点煎！

3

平底锅温热后涂上芝麻油，将步骤**2**的食材每次挖2大匙，摊成扁平状，用中火煎出香味后翻面，盖上锅盖，再用小火煎2～3分钟。

两面颜色都变得差不多的时候就完成了。装盘吧！

芝麻油的清香、满满的嚼劲，加上爽脆的口感，好吃得不得了！

蘸着日式橙醋、黄芥末和七味粉吃也很美味！

吧唧
吧唧

咔嚓

咔嚓

哇！我也要吃！

·⚙·**多多尝试更好吃！**·⚙·

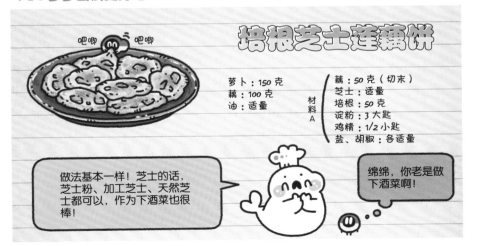

吧唧　吧唧

培根芝士莲藕饼

萝卜：150 克
藕：100 克
油：适量

材料A
藕：50 克（切末）
芝士：适量
培根：50 克
淀粉：3 大匙
鸡精：1/2 小匙
盐、胡椒：各适量

做法基本一样！芝士的话，芝士粉、加工芝士、天然芝士都可以，作为下酒菜也很棒！

绵绵，你老是做下酒菜啊！

茄子加盐！
健康的麻婆茄子

材料
（3～4人份）

- 茄子:3个
- 盐:适量
- 青彩椒:2个
- 芝麻油:适量
- 生姜:1片（切末）
- 大蒜:1瓣（切末）
- 猪肉糜:150克

材料A

- 水:200毫升
- 蚝油:1大匙
- 豆瓣酱:1/2大匙至1大匙
- 淀粉:2小匙
- 鸡精、酱油、砂糖:各1小匙

1 茄子纵向切成八等份，全部轻轻撒上盐，放置10分钟左右。青彩椒也纵向切成八等份。

啪  啪

用水冲洗掉茄子上的盐后，用厨房纸巾仔细擦去水分。

其实这就是做出健康的麻婆茄子的秘诀!

就是撒上盐吗?!

2 平底锅温热后涂上芝麻油，翻炒生姜和大蒜至炒出香味。再加入猪肉糜翻炒，炒熟后加入步骤1的茄子和青彩椒继续翻炒。

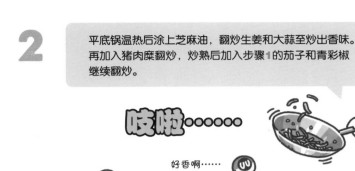

吱啦……

好香啊……

3 待食材全部熟了以后，加入搅拌混合好的材料A，煮至黏稠就完成啦！

淀粉会沉淀到底部，要充分搅拌后再入锅。

唰 唰

·小知识·

这道麻婆茄子感觉不是那么油嘛……

嗯！

嘿嘿嘿……你发觉了啊！实际上茄子是非常吸油的食材，所以很容易做得油油的，就像海绵一样！

但——是——

先在茄子上撒盐，就好像把海绵的空隙部分用水给填上了！

空隙部分被填满之后就没有油进入的空间了，所以做出来的茄子就不会油油的，这样就非常健康了！

这样做可以比普通的麻婆茄子约少七成的油哦！

吱 唰嗒唰嗒

哎！盐好厉害！正适合绵绵你用啊！

撒了盐再做的话，也许就会瘦了呢！！

呸

哼！

用微波炉立刻做好！
简单的茶碗蒸

材料
（2人份）

材料A
- 蟹肉棒：3～4根
- 香菇：1个
- 白果等喜欢的食材（水煮过的）：适量
- 深裂鸭儿芹：少许
- 鸡蛋：1个

材料B
- 水：150毫升
- 鲣鱼高汤精、酱油、味淋：各1/2小匙

68

1 首先将材料A切成喜欢的大小。

蟹肉棒撕开，香菇切片，深裂鸭儿芹备用。

在盆中放入材料B，搅拌均匀后，用茶滤等器具过滤蛋液。

搅拌时要小心不要让鸡蛋起泡，蛋液过筛可以得到顺滑的口感。

啊……嘿……

哎哟……

哎哟……

2

将材料**A**的食材分别装入两个茶碗中，在上面轻轻倒入步骤**1**的蛋液。

深裂鸭儿芹最后放上去。

啉

3

用保鲜膜轻轻盖在步骤**2**上，放入200瓦的微波炉加热7分钟就完成啦！到时间后可以看一下，如果还没凝固就再加热下。

根据所用的微波炉，时间上会有差别，自己调整下。

能轻轻颤动、有弹性就行了！

夏天放凉了再吃也很好吃！

啊呜

•多多尝试更好吃！•

中式茶碗蒸

材料A
- 小虾仁：4只
- 玉米：适量
- 笋干：适量

材料B
- 鸡蛋：1个
- 水：150毫升
- 酱油：1/2小匙
- 中式高汤精：1/2小匙
- 小葱：适量（切末）

做好后滴上芝麻油、浇上辣油，味道就很正宗了！

专题4
可以放几天的
小菜食谱

酸奶黄瓜酱菜

①3根黄瓜洗净，去除水分后放入密封保鲜袋中，加入材料A，挤出空气，严实地封上袋口，就这样腌制2天（尽可能3天）。

材料A
酸奶：200克
味噌：50克
酱油：50毫升
砂糖：25克
大蒜：1小匙（磨泥）

因为用的是酸奶，所以味道很像米糠酱菜呢！

②轻轻洗一洗，切成喜欢的大小即可。

70

用坚果画龙点睛的卤蛋

①从冰箱拿出8个鸡蛋，放至常温。锅里水煮开，轻轻放入鸡蛋煮6分钟，边用冷水冲边剥壳。

②60克杏仁放入保鲜袋中，用擀面杖等工具碾碎（也可以用菜刀切碎），将其放入平底锅，煎至发出香味。

③将材料A放入密封保鲜袋，再将步骤①的鸡蛋放入，挤出空气，在冰箱里冷藏腌制2～3天就完成了。

材料A
冷面汁：150毫升
酱油：1大匙
料酒：1大匙
鲣鱼高汤精：1小匙
步骤②的杏仁碎

这道菜里的鸡蛋是溏心的，如果喜欢蛋黄熟一点就多煮1～2分钟。

放一晚就行！ 番茄泡菜

①锅里水煮开，用一个番茄，在中央浅浅划上十字切口，泡在热水里，切口处的皮翻卷起来后加入冷水，用手剥皮。

②将步骤①的番茄、1块生姜切的丝、适量泡菜酱装入密封保鲜袋中，挤出空气，在冰箱里冷藏一晚。

③将番茄切成喜欢的大小。

第 **5** 章

还是最喜欢
米饭食谱

从快手料理到匠心独具的新口感料理，
只需要盖在白米饭上，放进电饭煲，按下煮饭按钮……

5分钟做好的
明太子山药泥盖饭

材料
（1人份）

- 山药：60克
- 明太子：30克
- 米饭：1大碗
- 鸡蛋：1个
- 海苔丝、酱油：各适量

1 山药磨成泥后，与明太子搅拌混合。

磨山药的时候为了防止皮肤瘙痒，需要戴手套或者隔着塑料袋。

山药不仅含有草酸钙成分，还有毛刺，所以皮肤会产生刺痒！

在刺痒的地方用醋或柠檬汁揉搓一下，再用热水洗了就不痒了，可以试试！

草酸钙是弱酸性的。

2 在大碗里盛上饭，饭上面盖步骤1的食材，中央压个凹槽，打个鸡蛋进去。最后撒上海苔丝、浇上酱油即可。

还可以根据个人喜好的口味撒上七味粉或加入绿芥末。

用两种啤酒做的孜然鸡肉饭

材料

- 大米:300克

材料A
- 黑啤、啤酒:各180毫升
- 鸡腿肉:1块(切一口大小)
- 毛豆(去掉豆荚):60克
- 玉米:30克
- 大蒜:2瓣(切薄片)
- 浓缩高汤(固体):1块
- 孜然:1小匙
- 现磨黑胡椒:适量

1

大米淘好后滤去水分,放入电饭煲,加入材料A。

然后按下煮饭按钮。

这样就好了?!

鸡肉切成一口大小,然后就只需要等待米饭煮好了!

2

盛出米饭,大口大口吃吧!

这股浓郁的味道没有一点儿苦味,反而全是麦子的香气,好好吃!

啤酒会使饭粒松散,啤酒会使鸡肉柔软,美味秘诀的确就是啤酒。

可以用印度三味香辛料代替孜然,有点辣辣的美味,饭做好后还可以撒上欧芹。

咦？豆腐做出新口感？软软的蛋包饭

材料

（米饭300克分量+鸡蛋1人份）

- 大米：300克
- 材料A
  - 洋葱：半个（切末）
  - 维也纳小香肠：5根（切碎）
  - 番茄酱：5大匙
  - 黄油：10克
  - 浓缩高汤（固体）：1块
  - 盐、胡椒：各少许
- 绢豆腐：100克
- 材料B
  - 鸡蛋：2个
  - 盐、胡椒：各少许
- 油：适量
- 番茄酱：适量

1 大米淘好后放入电饭煲，加水至比煮300克大米所用的水量刻度略低一点的高度。

水量差不多是340毫升。

加入材料A，按下煮饭按钮。

食材“嘭”地一下都放进去按下煮饭按钮就行。不用专门做蛋包饭，如果用电饭煲做过鸡肉饭，就知道很简单，一点不麻烦！

2 绢豆腐放入耐热容器中，裹上厨房纸巾，用微波炉加热2分钟去除水分，然后放入盆里，用打蛋器搅烂后加入材料B充分搅拌。

加入鸡蛋后豆腐就不能很好地搅拌，所以要充分搅烂后再放鸡蛋！

豆腐？！做蛋包饭却是用豆腐？！

3 步骤1的番茄酱米饭煮好后，装到餐盘中。平底锅用大火加热后涂上油，放入步骤2的食材。快速搅拌后整理成圆形，加热至半熟。装盘时倒在番茄酱米饭上，浇上番茄酱就完成了！

因为加了豆腐所以很难成形，建议做成半熟的西式炒蛋，再盖在番茄酱米饭上，这样就不容易失败了。

咕咚

呦 呦 呦

75

•ஃ 小知识 ஃ•

这……这……这种新口感！

啊

软软的，黏黏的……

啊……

波咕！表情好肉麻！

鸡蛋变硬的原因是蛋白质遇热牢牢地结合了起来，水分因此而流失了！
鸡胸肉变硬也是同样的原理，烤了以后水分流失就变得干巴巴了。

但是加了豆腐后，就能锁住水分，所以就算凉了也很软。

喂……你有没有在听！真是的！

好吃

好吃

超级简单并且健康！
俄式炒牛肉

材料（3人份）

- 大米：200克

材料A
- 洋葱：1个（切末）
- 水：340毫升
- 黄油：2大匙
- 浓缩高汤（固体）：1块

- 牛肉：200克
- 盐、胡椒：各少许
- 淀粉：2～3大匙

材料B
- 水：200毫升
- 浓缩高汤（固体）：1/2块

- 大蒜：1瓣（切薄片）
- 洋葱：半个（切薄片）

材料C
- 蘑菇（罐装）：根据喜好调整
- 盐、胡椒：各少许

- 罐装蘑菇汤：40毫升
- 料酒：50毫升 · 月桂叶：2片
- 豆奶：100毫升

1

嗷 嗷

大米淘好后，用筛网滤干水分，放入电饭煲，加入材料A，按下煮饭按钮，煮成黄油饭。

煮着饭的时候，闻着浓浓的香味忍不住流口水了吧。

牛肉切成3厘米宽的牛肉片，撒上盐和胡椒后用淀粉全部裹住。平底锅加热后涂上10克黄油（材料外），煎烤牛肉。熟了以后，倒入材料B一起煮。

煮的时候，肉里的血液和蛋白质会硬化，煮出的浮沫要用汤勺撇去。

浮沫过多的话就会有杂味了，黄油面酱的颜色也会浑浊。

哼 哼

2

加热另一个平底锅，涂上10克黄油（材料外），翻炒大蒜和洋葱。待洋葱变透明后，加入材料**C**调味。

边尝味道边用盐调味。

小号的蘑菇罐头就足够了！

倒入蘑菇罐头的汤，关火，和步骤**1**的平底锅里的食材混匀。

3

在步骤**2**的食材里加入料酒和月桂叶，用小火煮10分钟，使水分适度蒸发。转为微火，加入豆奶，搅匀后关火。

关键在于加了豆奶后，不能咕嘟咕嘟地猛煮。

如果豆奶分离了，样子和口感都会变差。

舔

这样啊！那要小心了……

将步骤**1**的黄油饭装盘，浇上俄式炒牛肉的黄油面酱，根据个人喜好口味撒上欧芹（材料外）就可以吃了！

俄式炒牛肉是俄罗斯的特色料理，本来是要用酸奶油或鲜奶油的，这个食谱中用豆奶代替了，十分健康！

黄油饭也很好吃，还可以加上烤过的法棍面包。

健康甜品

白巧克力甜南瓜

（8个分量）

① 1小匙水和 100 克切成小块的南瓜（去皮）放入耐热容器中，蒙上保鲜膜，微波炉加热 2 分 30 秒至 3 分钟，趁热捣碎。

② 趁步骤①的食材热着的时候加入材料 A，充分搅拌。

材料
A

- 白巧克力：1块（40克）
- 砂糖：10克
- 蛋黄：1个
- 脱脂牛奶：10克
- 碎坚果：30克
- 牛奶：适量

不同的南瓜甜度和含水量也不同，要自行调整添加。牛奶的用量取决于南瓜泥能不能用手揉成软软的圆球。

好烫！！

巧克力切碎后再加入，就能立刻溶化了。

坚果用平底锅烘烤一下再用会更香！我用的是核桃仁和腰果。

③ 将步骤②的食材八等分，做成喜欢的形状。平底锅里铺上烘焙油纸，放上食材，用小火烤至变成刚刚好的金黄色。等完全冷却后撒上砂糖就完成了。

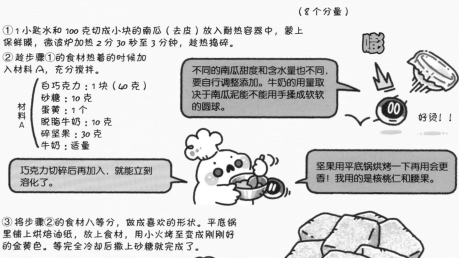

一手拿着热牛奶，一边吃着甜品，太棒了！

不用烤的牛油果芝士蛋糕

（直径 18 厘米圆形 1 个分量）

① 蛋糕模具的底部和侧面贴上烘焙油纸。保鲜袋中装入 120 克曲奇（约 16 块）捏碎，加入 40 克融化的黄油，充分搅拌后，铺满蛋糕模具的底部，放进冰箱冷藏。

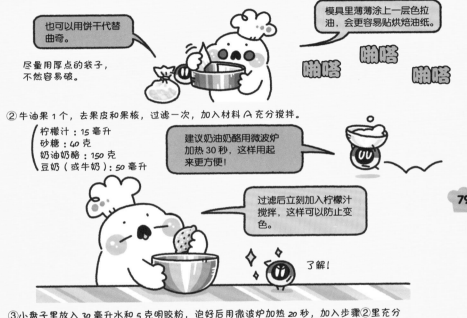

也可以用饼干代替曲奇。

尽量用厚点的袋子，不然容易破。

模具里薄薄涂上一层色拉油，会更容易贴烘焙油纸。

啪嗒 啪嗒 啪嗒

② 牛油果 1 个，去果皮和果核，过滤一次，加入材料 A 充分搅拌。

柠檬汁：15 毫升
砂糖：40 克
奶油奶酪：150 克
豆奶（或牛奶）：50 毫升

建议奶油奶酪用微波炉加热 30 秒，这样用起来更方便！

过滤后立刻加入柠檬汁搅拌，这样可以防止变色。

了解！

79

③ 小盘子里放入 30 毫升水和 5 克明胶粉，泡好后用微波炉加热 20 秒，加入步骤②里充分搅拌。倒在步骤①的蛋糕底胚上，在冰箱里冷却到凝固就完成了！

不用圆形模具，用蒸锅或方平底盘也行，这样可以挖着吃！

牛油果被称为森林黄油，给人感觉热量很高，不过和本来该用的鲜奶油相比，热量和脂肪都只有一半。

而且，牛油果的油是不易致胖的，甚至还有燃烧脂肪的作用，更有嫩滑肌肤、净化血液、提高代谢效果以及带来满腹感等等作用，是应该多吃的食材啊！

滑溜 滑溜

啊……绵绵你是滑溜溜的吗？！

用平底锅做柿子克拉芙缇

（1片分量）

① 盆里加入材料 A，充分搅拌，不要有面疙瘩。

材料 A
鸡蛋：3 个
豆奶：150 毫升
杏仁粉：20 克
砂糖：50 ～ 60 克
朗姆酒（或樱桃白兰地）：1 大匙
香草精：适量
低筋面粉：30 克

不喜欢洋酒的话就不用！

② 柿子 1 个，剥皮，切成扇形。平底锅里涂上 5 克黄油后，倒入步骤①的面团。

稍微温热平底锅，涂黄油就十分容易了，尽可能使用有不粘涂层的平底锅。

侧面也要涂！

③ 面团上排列好切好的柿子。锅盖用毛巾裹好，盖上锅盖，用微火烤 15 ～ 20 分钟。待周围稍微有点焦、中间熟了就完成了！

摩擦摩擦

这么处理锅盖，水滴就不会滴落到面团上了！

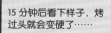

锅盖放在毛巾上。

用毛巾把锅盖包起来。

用橡皮筋扣住。

15 分钟后看下样子，烤过头就会变硬了……

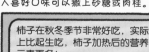

趁热吃或凉了吃都很美味！根据个人喜好口味可以撒上砂糖或肉桂。

柿子在秋冬季节非常好吃，实际上比起生吃，柿子加热后的营养元素更多！

咦……为什么？不是应该少了吗？

为什么，为什么情绪不够激动？

有抗焦虑作用的 γ 氨基丁酸和促进血液流动的瓜氨酸在加热后会增至 2~3 倍，可以促进新陈代谢和改善浮肿。

而且耐加热的维生素也很多，一个柿子就能提供一天的维生素 C 摄入量呢！

所以，容易焦虑的波咕，请吃加热后的柿子！

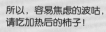

看……
冷静下来了吧……

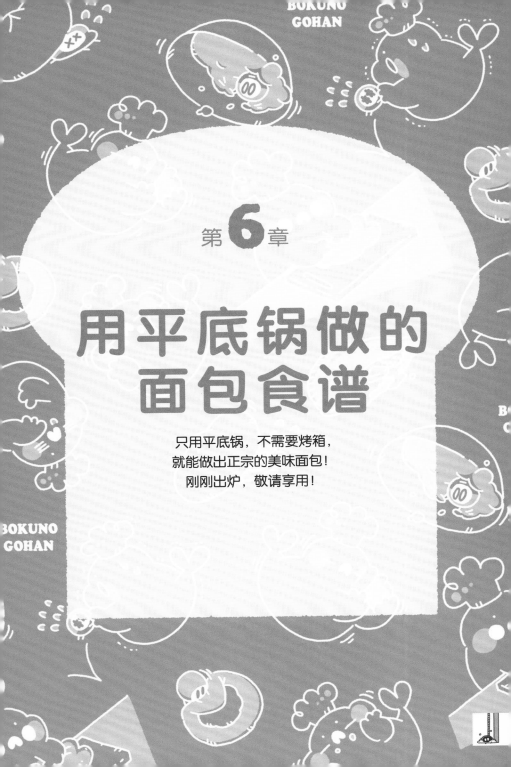

第 **6** 章

用平底锅做的面包食谱

只用平底锅，不需要烤箱，
就能做出正宗的美味面包！
刚刚出炉，敬请享用！

周末来做面包吧

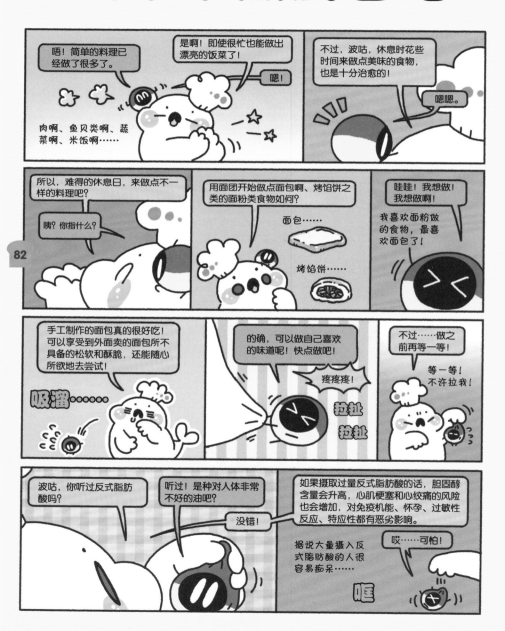

肉汁满满的平底锅煎肉包

材料
（4个分量）

材料 A
- 低筋面粉：130克
- 砂糖：1小匙半
- 发酵粉：1小匙多一点
- 盐：适量
- 牛奶：80毫升

材料 B
- 猪肉肉糜：100克
- 洋葱：1/4个（切碎）
- 酱油：2小匙
- 生姜（磨泥）、蚝油、料酒、砂糖、芝麻油：各1小匙

- 低筋面粉（用作干粉）：适量
- 芝麻油：根据喜好调整

1 首先来做面团。将材料A放入盆中搅拌均匀，不要出现面疙瘩。

哇！哇！

取出面团，包上保鲜膜，在常温下放置10～20分钟。

面团放置一会儿的话，会变得更容易使用了！

咻溜 咻溜 咻溜

小宝宝快睡觉，好好睡一觉……

2 面团静置的时候来做馅料吧！将材料B放入盆里搅拌均匀。

洋葱切碎，在切的10～15分钟前，可以把洋葱放进冰箱冷藏一下，这样就不会刺激眼睛了。

3 将步骤1的面团四等分，在砧板上撒上干粉，分别做成直径12厘米左右的圆形面饼。将食材四等分，分别包进面饼里。

①压成直径约12厘米的圆饼。　②放上馅料。　③将褶皱聚集到一起，折叠一圈。　④完成！辛苦了！

85

为了不让肉汁漏出来，封口处要捏紧哦！干粉会让面团难以粘上，用水打湿会比较容易粘上。

将步骤3的包子在平底锅里间隔排开，放入100毫升水（材料外），开大火。水沸腾后转小火，盖上锅盖，蒸烤10分钟。

4 哎！面团放进去了，水也要放进去吗？！

嘿嘿嘿……看着吧！

10分钟后揭开锅盖，继续烤，让水分蒸发掉。做好后根据个人喜好口味浇上芝麻油，待底部烤得脆脆的就完成啦！

软软的、脆脆的，而且肉汁好多！好好吃！

根据个人喜好口味还可以蘸黄芥末。

一定要趁热大口吃！

松脆有嚼劲！
不用放酵母的比萨饺子

材料
（3～4人份）

材料A
- 高筋面粉:250克
- 砂糖:10克
- 盐:适量
- 热水:130毫升
- 橄榄油:10毫升
- 酵母:1小匙
- 低筋面粉（用作干粉）:适量
- 比萨酱:适量
- 香肠:1根（斜切薄片）
- 比萨用芝士:适量

1

首先来揉面团，将材料A放入盆中。

粉状物混合后加水，如果水多了就加入高筋面粉调整。

揉

揉

嘿咻

嘿咻

嘿咻

嘿咻

加入酵母，继续用力揉。

高筋面粉经过充分揉捏就会充满弹性。

面团做好啦！

2

将步骤1的面团四等分，在砧板上撒干粉，将面团擀成厚5毫米的圆饼。

用擀面杖或瓶子等就可以把面团擀平。

咕噜

四等分做出来是大个的，六等分就是小个的。

3

面饼涂上比萨酱，边缘留1.5厘米，圆饼中间放上香肠和芝士，然后对折，用叉子尖端压紧边缘。

馅料放太多，折不起来了……

嘿！
嘿！
吱

①涂上比萨酱。 ②放上馅料。 ③对折起来。 ④用叉子尖端压紧。

然后煎烤至变成自己喜欢的颜色。

放入平底锅中，盖上锅盖，用微火煎烤7分钟，再翻面煎烤5分钟就完成啦！

啊呜
啊呜

·°🌸🍃 多多尝试更好吃！🍃🌸°·

汉堡肉饼
（将汉堡肉饼切条放进馅里。）

咖喱
（酱汁的也行，干的也行。）

炖菜
（放炖牛肉也好吃！）

苹果、肉桂和砂糖一起煮就是苹果派风味。在加热后捣烂的番薯里加入砂糖和黄油就是甜番薯风味。愉快地享受各种尝试吧！

豆腐带来嚼劲和健康！
腌芜菁叶烤馅饼

材料
（7个分量）

- 腌芜菁叶：200克
- 芝麻油：1大匙多一点
- 水：30毫升

材料 A
- 料酒、味淋：各1大匙
- 酱油、砂糖：各1小匙
- 绢豆腐：150克

材料 B
- 高筋面粉：180克
- 低筋面粉：4大匙

1 首先在装满水（材料外）的盆里浸泡腌芜菁叶去除盐分。

直接用腌芜菁叶的话会很咸，浸泡在水里约 30 分钟，泡去盐分后就可以了。

挤干水分后将腌芜菁叶切碎，加热平底锅后涂1大匙芝麻油，开始翻炒，加入材料A调味。

唰

唰

吱啦……

吱啦……

哇哦哦哦……
好香……

唔唔

2

在盆里放入材料**B**，充分揉捏。取出面团，用保鲜膜包起来，在常温下放置30分钟。

没时间的话，也可以省略静置面团这个步骤。但因为揉捏面团出现弹力，所以静置一会儿会让它成为不易收缩、方便处理的面团哦！

呼呼……

3

将步骤**2**的面团七等分，压成薄圆饼。分别放上馅料，边将面团向中间折边包起来。

哎哟

呼……

①压成圆饼。

②放上馅料。

③折起面团包进馅料。

④馅料就快包好了。

⑤漂亮地包好啦！

4

加热平底锅，涂上薄薄一层芝麻油，将面饼间隔排开。用中火将两面都煎至恰到好处的金黄色。

面团封口的地方朝下排列哦。这个方向！这个方向！

嗯嗯……原来如此……

加水后盖上锅盖，用小火蒸烤3~5分钟就完成啦！

因为加了豆腐，就算凉了也不会变干，还是很好吃！

也可以变换馅料，捣碎的煮南瓜啦、金平牛蒡啦、干萝卜丝啦……还可以放剩菜！

蘸黄芥末、酱油吃也很好！

小海豹的料理

[日] BOKU / 著　陈娴 / 译